CHEMIN DE FER

WAGON-BOUDOIR

SYSTÈME MANN

CHEMIN DE FER

WAGON-BOUDOIR

SYSTÈME MANN

I

EXPOSÉ DE LA QUESTION

La clientèle des chemins de fer peut se diviser en deux grandes catégories :

1° Les gens d'affaires;

2° Les touristes.

Ceux-ci voyagent pour leurs plaisirs, les autres pour leurs intérêts.

Aux touristes il faut le confort, aux négociants les rapports rapides, l'économie du temps, c'est-à-dire la locomotion nocturne, les trains express aux heures où forcément les affaires chôment.

Déjà beaucoup de personnes voyagent la nuit; mais leur nombre est nécessairement limité par l'imperfection des voitures actuelles, les gens âgés, ou simplement fatigués, ne peuvent s'y risquer de nuit sans s'exposer à devoir prendre le lit de repos en arrivant à destination.

Le Wagon-Lit supprime cet immense inconvénient, il résout en son entier le problème de la locomotion facile et agréable; aux touristes il donne le confort; il permet à tous voyageurs, quels que soient leur santé, leur fatigue et leur âge, de voyager à toute heure de jour et de nuit, en toute saison et quelle que soit la longueur du voyage.

Les expériences faites en Amérique où les Wagons-Lits sont en usage régulier, ont complétement répondu aux espérances de l'inventeur; il a été prouvé que depuis cette innovation, le nombre de voyageurs de nuit a quadruplé.

Pour ne montrer qu'un exemple, citons la ligne unissant Boston et New-York; ces deux grands centres d'affaires séparés seulement par une nuit de voyage. Les milliers de personnes qui autrefois se contentaient de traiter leurs affaires par la poste, prennent aujourd'hui le train du soir, se couchent et, le lendemain, arrivés à destination, bien reposés, soigneusement lavés et brossés grâce aux soins de l'employé du wagon, frais et dispos, ils se rendent chez leurs correspondants où ils traitent directement de leurs affaires, d'une façon bien plus satisfaisante que par le courrier, obtenant sans fatigue le maximum de la rapidité dans les transactions.

Ce qui se dit ici pour la ligne de Boston à New-York peut se répéter pour toutes les lignes de l'Amérique; aucune d'elles ne consentirait à renoncer désormais aux Wagons-Lits; c'est ce qui peut faire affirmer à l'avance le grand succès d'une semblable innovation sur les lignes européennes où tant de grandes villes commerciales ne sont séparées que par une nuit de voyage : témoin Paris, Bruxelles, Anvers, Amsterdam, Vienne, Le Havre, Nantes, Lyon, Bordeaux, Marseille, etc., et toutes les villes d'Allemagne.

Et puis, autre considération sérieuse, plus les voyages de nuit s'accompliront au détriment de la circulation diurne, plus les voies seront libres pour les transports, vérifications et réceptions de marchandises bien plus commodes en plein jour.

Les Compagnies elles-mêmes trouveraient, pour leurs intérêts, de sérieux avantages à ce que ces voyageurs pussent, sans changer de voiture, sans transbordement de bagages, sans arrêts aux hôtels, tout d'une traite en un mot, parcourir les plus longs trajets.

Qui donc n'hésiterait pas avec nos moyens actuels à s'embarquer à Ostende, par exemple, pour se rendre aux frontières de Russie ?

Le voyageur prévoit, avec justes raisons, tout un monde de contrariétés : changements de voitures, surveillance de bagages, courbatures, arrêts forcés aux hôtels, perte de temps et, au total, grande fatigue.

Hésitera-t-il encore ce voyageur s'il rencontre la certitude d'avoir à sa disposition un wagon d'où il ne sortira qu'à destination et dans lequel il trouvera le confort et tous les moyens de repos et de toilette? Évidemment non.

L'expérience est là, d'ailleurs : les Américains parcourent aujourd'hui des distances de cinq mille kilomètres, et plus; il faut que, à notre tour, nous puissions aller bientôt de Paris à Constantinople, et même plus loin, sans changer de wagon.

Nous n'avons pas à nous étendre plus longuement sur la nécessité absolue d'emprunter aux Américains ce nouveau progrès de locomotion, il s'impose de lui-même.

Voyons maintenant où en est la question.

II

ÉTAT ACTUEL DE LA QUESTION
SA SOLUTION

De nombreux efforts ont été faits auprès des Compagnies européennes pour l'adoption des Wagons-Lits, que réclament à la fois le progrès et les intérêts du public.

Ces demandes se sont heurtées à cet obstacle que les longs parcours se font sur des voies appartenant à des lignes différentes et possédant chacune un matériel particulier.

Cette fois encore l'expérience américaine devait trancher cette question qui s'était présentée aussi de l'autre côté de l'Atlantique, et la solution fut trouvée par la Compagnie spéciale des Wagons-Lits.

Cette Compagnie, qui ne relève que d'elle-même et vit indépendante de toute attache vitale avec les Compagnies de chemins de fer, a pris la direction exclusive de toutes les voitures de nuit qui sont sa propriété absolue ; les choses se passent de la façon suivante : Un certain nombre de Wagons-Lits est ajouté à chaque train convenu avec les Compagnies.

Le voyageur prend son billet ordinaire à la Compagnie, puis il paie à l'administration des Wagons-Lits un supplément proportionnel.

Telle est la combinaison que les propriétaires du brevet des Wagons-lits se proposent d'établir en Europe, et voici ce qu'ils proposent à toutes les Compagnies continentales. Ils font cette offre avec la conviction qu'elle réalise une amélioration considérable sur les voitures dites Wagons-Poullmann ou Américains :

1° La construction *à leurs frais* de Wagons-Lits aménagés suivant les exigences européennes, réglementaires ou consacrées, de confort, d'élégance, de dimensions et de poids.

2° Ces voitures seraient approuvées par les ingénieurs des Compagnies et livrées à quelque nombre qu'il en soit demandé, au fur et à mesure du développement des besoins et des exigences.

3° Chaque voiture examinée et acceptée serait pourvue par la Compagnie des Wagons-lits d'un homme entendu quant à la surveillance et à l'entretien. Cet homme, en dehors de son service spécial, serait, comme tous les employés, soumis aux règlements particuliers et généraux des Compagnies de chemin de fer.

4° Les voyageurs ne pourront être admis dans les wagons-lits qu'après s'être munis préalablement aux guichets de la Compagnie de chemins de fer d'un coupon ordinaire de parcours.

5° Les propriétaires des wagons-lits percevront par l'entremise de leur employé spécial un supplément proportionnel, très-modéré, qui pourra être probablement de cinq à dix francs par nuit, ou davantage si le trajet comporte plus que la nuit.

Pour résumer en quelques mots toutes les précédentes prescriptions on peut dire ceci :

Les Compagnies de chemin de fer percevront le prix ordinaire du passage et n'auront à supporter, de la part de l'invention nouvelle, aucune dépense, quelle qu'elle soit. Elles ne feront que profiter de l'augmentation certaine du nombre des voyageurs. L'aménagement des nouvelles voitures est si bien combiné que la traction ne sera pas sensiblement plus grande pour chaque passager de première classe qu'elle ne l'est aujourd'hui.

III

DÉTAILS SPÉCIAUX A LA COMPAGNIE DES WAGONS-LITS.

1° Les voitures seront construites sur les plans *brevetés* du colonel W. D. Mann, des États-Unis, plans que le lecteur trouvera à la fin de cet opuscule. Parmi ces plans on choisira le mieux adapté à chaque trajet.

2° La direction générale et la surveillance spéciale des voitures appartiendra au colonel Mann.

3° Les propriétaires de ces voitures établiront des agences de surveillance et feront les annonces nécessaires pour attirer les passagers sur les lignes ou leurs voitures seront admises.

4° Les contrats passés avec les Compagnies de chemin de fer, contiendront en substance l'exposé ci-dessus.

Tous les détails étant soumis à une discussion particulière à chaque contrat.

5° Les bureaux des propriétaires des wagons-lits sont établis 16, place Vendôme, à Paris, où toutes communications seront reçues par le Directeur.

IV

DESCRIPTION DES WAGONS-LITS.

Il reste pour compléter ce travail à donner la description détaillée des wagons-boudoirs.

Cette voiture résulte de plusieurs années d'expérimentations faites sur les wagons américains dénommés *palais* par la reconnaissance des voyageurs. Mais si parfaits qu'ils soient, et par cela même qu'ils sont jugés parfaits en Amérique, leurs aménagements ne sauraient répondre aux habitudes et goûts européens.

Le nouveau Wagon-Mann supprime tous les inconvénients que comportent encore les wagons préconisés par d'autres inventeurs. Dans ces dernières voitures, les passagers voyagent forcément en commun, tandis que le Wagon-Mann assure à volonté le précieux avantage de l'isolement.

Voici donc le modèle que la nouvelle Compagnie des Wagons-Lits a l'honneur de présenter au public.

La voiture est représentée en plan dans notre figure I (voir les planches). La figure II la montre divisée en compartiments transversaux ; chacun de ces compartiments est un boudoir complet, garni de sophas-lits, siéges luxueux, tables mouvantes pour jeux et repas, toilette, glaces, bouches de chaleur, eau chaude et froide, ventilateurs, water-closets, timbre d'appel pour le garçon de service, etc., etc. ; en un mot, tout ce qui constitue un riche appartement chauffé, aéré, donnant place à six ou sept personnes pendant la journée et se transformant la nuit en un dortoir de quatre lits, dont deux à deux places, avec matelas, oreillers, draps, couvertures et rideaux.

Deux de ces lits se relèvent le jour par les soins du garçon de service qui sert de valet de chambre, cire les bottes, brosse les habits, prépare le thé et le café, passe des rafraîchissements, etc.

Une fontaine contenant de l'eau glacée pendant l'été est à la disposition des voyageurs altérés.

Les voyageurs ont sous la main tous leurs bagages emmagasinés dans des compartiments spéciaux et dépendants du wagon.

Partie des voitures peuvent, s'il est nécessaire, être transformées en wagons de 2e classe complétement indépendants des premières.

Ces compartiments de 2e classe auraient pour ameublement deux sophas pliants en forme de siége pendant la journée, et de chaque côté deux lits à une place, en tout six lits étroits ; ils ne sont pas pourvus de linge ni de rideaux, mais seulement garnis de coussins. Un water-closet sert à tout le wagon.

Les wagons de première classe possèdent encore comme ameublement général des tapis, rideaux, écrans, portières, glaces, lampes, suspensions, etc.

Les fenêtres sont doubles en prévision du froid et du bruit; l'été, les vitres sont remplacées par des écrans métalliques livrant passage à la ventilation et arrêtant la poussière.

Les portes ont des verrous qui permettent aux voyageurs de se garantir de toute indiscrétion, sans gêner cependant l'entrée et la surveillance des gardiens des voitures ou du train.

Bien que les voitures-lits aient été calculées pour s'adapter au système européen de roues et d'essieux, il serait bien préférable d'employer les roues articulées en usage en Amérique. Les secousses et vibrations seraient alors entièrement supprimées; le mode de chauffage étant à eau chaude ne présente aucun danger et la ventilation est parfaite.

Une galerie marche-pied s'étend extérieurement sur toute la longueur de la voiture qui a deux entrées par compartiment, une de chaque côté. Parquet, toiture et cloisons sont doubles et soigneusement disposés pour atténuer le bruit : les lits sont établis de façon à parer aux secousses et trépidations. Les dessins expliquent les systèmes employés.

Après tout ce qui vient d'être dit, supposons ces wagons en usage sur la ligne de Calais à Paris. Le paquebot arrive entre une et deux heures du matin, les voyageurs sont fatigués et, pour la plupart, éprouvés par la mer, un wagon confortable, chauffé et éclairé se trouve là avec son gardien attentif; pour quelques francs le passager sait y trouver un bon lit et un cabinet de toilette; il s'y établit et à l'arrivée à Paris, à sept heures, il en sort reposé, lavé et brossé, prêt à vaquer à ses occupations.

Quel serait le voyageur qui, de Londres à Paris, pour un supplément de quelques francs sur un voyage qui en coûte soixante-quinze, ne profiterait pas du Wagon-Lit. Que le lecteur ne prenne pour preuve que l'empressement avec lequel sont recherchés les rares compartiments réservés des paquebots du détroit, et cependant ils sont frappés d'une surtaxe d'une livre sterling et plus. Et ils ne suffisent pas aux demandes.

Supposez encore ces wagons sur la ligne d'Ostende, à Vienne, viâ Bruxelles et Berlin, cette ligne qui, l'été prochain, sera si fréquentée par le monde riche se rendant à l'Exposition universelle de la capitale autrichienne. Les bagages sont emmagasinés dans les wagons de service, les voyageurs prennent place après avoir donné leur billet au garçon de service qui se charge de répondre au contrôle des employés des diverses Compagnies de chemin de fer. Et à partir de ce moment jusqu'à l'arrivée, le voyageur n'est dérangé par personne ; il est libre de ne pas sortir du wagon où il sait trouver le nécessaire.

Des compartiments seraient réservés aux dames voyageant seules et aux familles.

Paris. — Imprimerie Félix Malteste et Cie, rue des Deux-Portes-Saint-Sauveur, 22.

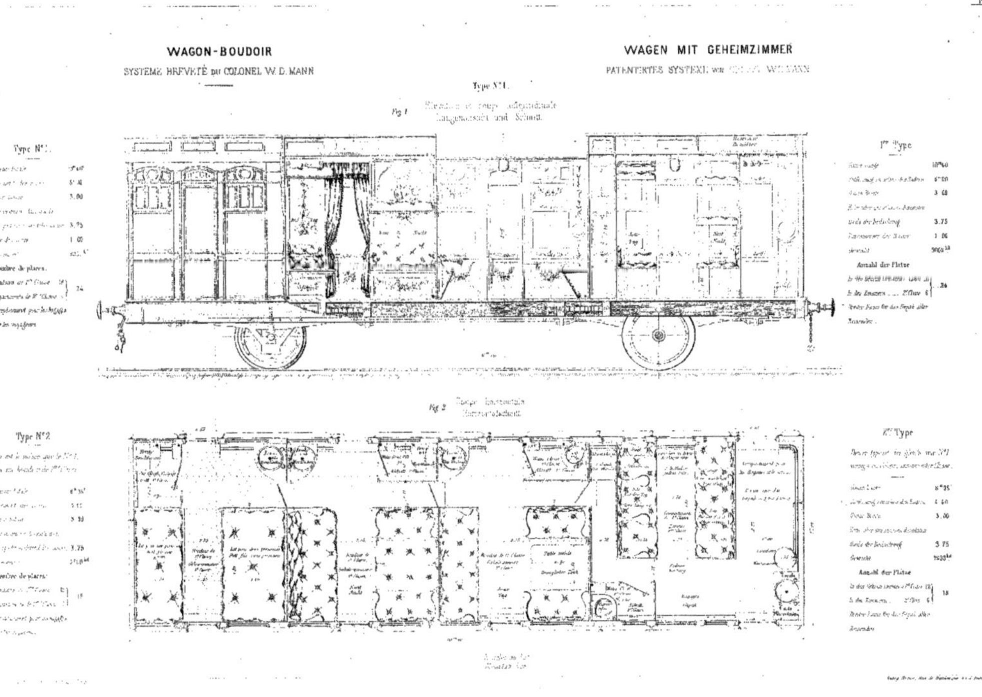
WAGON-BOUDOIR
SYSTÈME BREVETÉ du COLONEL W. D. MANN
WAGEN MIT GEHEIMZIMMER
Type N° 1.
Fig. 1
Fig. 2
Type N° 1.
Nombre de places.
Type N° 2
Nombre de places.
Ier Type
Anzahl der Plätze
II^te Type
Anzahl der Plätze

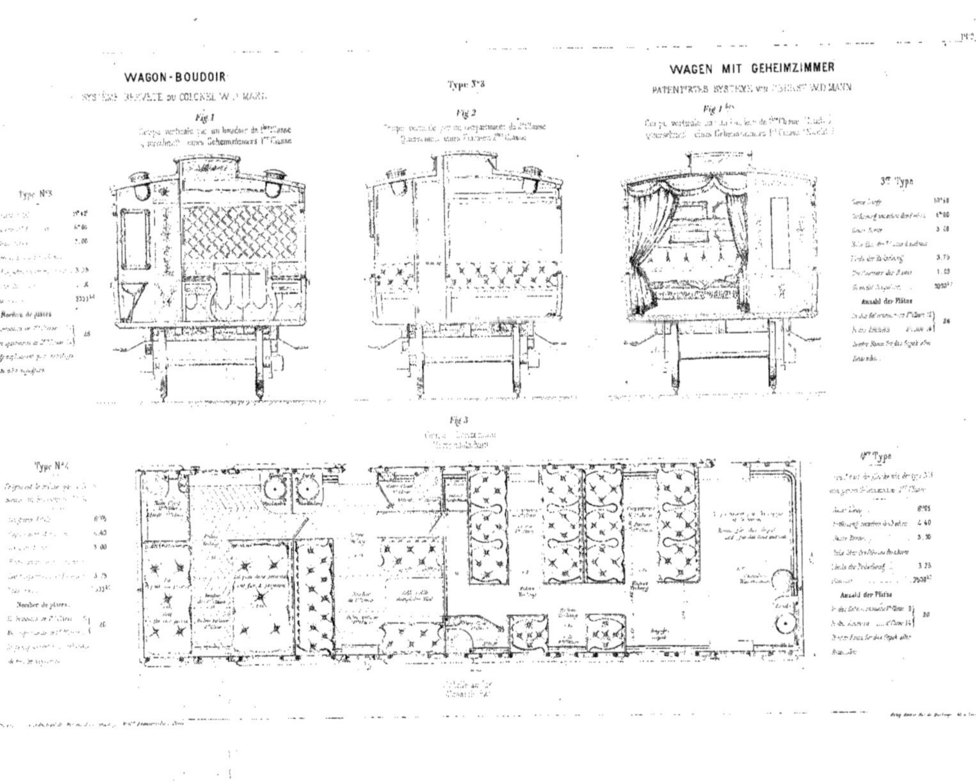

WAGON-BOUDOIR
WAGEN MIT GEHEIMZIMMER
Type N°3
Fig 1
Fig 2
Fig 3
3me Type
Type N°3
Type N°4
4me Type
Anzahl der Plätze
Nombre de places

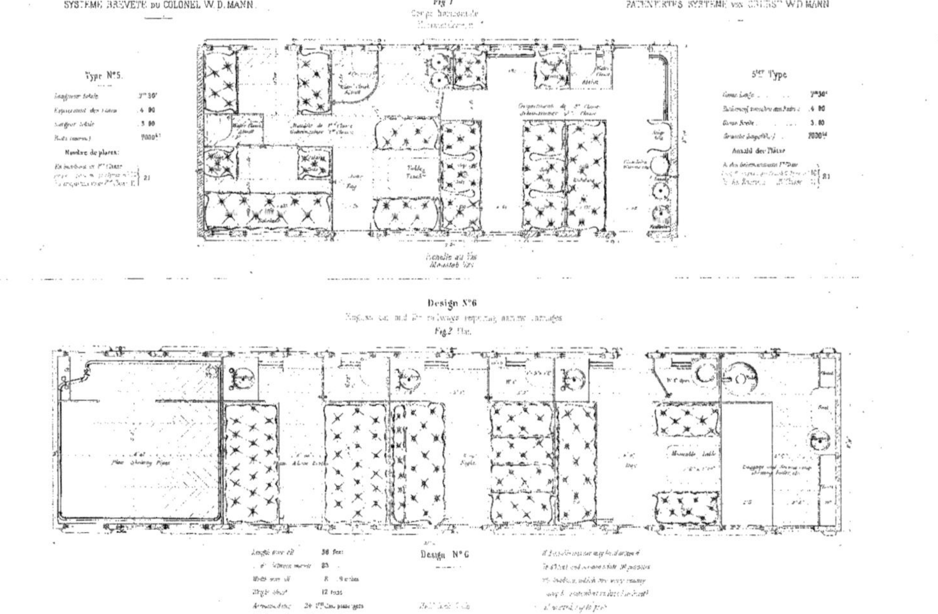
WAGON-BOUDOIR
SYSTÈME BREVETÉ du COLONEL W. D. MANN.
Type N°5
Fig 1
WAGEN MIT GEHEIMZIMMER
PATENTIRTES SYSTEME von OBERST W. D. MANN
Type N°5.
5ter Type
Design N°6
Fig 2
Design N°6

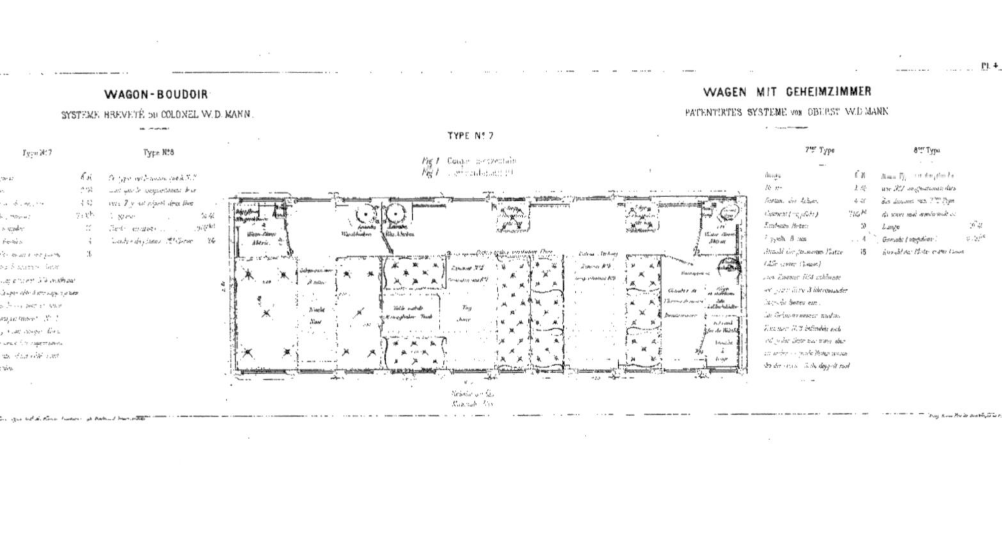

Pl. 4
WAGON-BOUDOIR
SYSTÈME BREVETÉ DU COLONEL W.D. MANN.
WAGEN MIT GEHEIMZIMMER
PATENTIRTES SYSTEME von OBERST W.D. MANN
TYPE N° 7
Type N° 7
Type N° 8
7ter Type
8ter Type

www.ingramcontent.com/pod-product-compliance
Ingram Content Group UK Ltd.
Pitfield, Milton Keynes, MK11 3LW, UK
UKHW020231200726
13856UKWH00004B/1704

9 782011 941435